シルビア

公式Xアカウント @xxhama2

POSTCARD

大吉

公式Xアカウント @xxhama2

STAMP

POSTCARD

ウラ

© ハマジ

STAMP

POSTCARD

ユウヒ

公式Xアカウント @xxhama2

STAMP

イサム

公式Xアカウント @xxhama2

POSTCARD

ダニエル

STAMP

公式Xアカウント @xxhama2

STAMP

シャンテ

公式Xアカウント @xxhama2

POSTCARD

大吉 & シルビア

STAMP

公式Xアカウント @xxhama2

POSTCARD

大吉 & イサム & シルビア

STAMP

公式Xアカウント @xxhama2

大吉だってよ!!

POSTCARD

STAMP

POSTCARD

大吉 & ダニエル

STAMP

公式Xアカウント @xxhama2

イサム＆ユウヒ

公式Xアカウント　@xxhama2

POSTCARD

STAMP

公式Xアカウント @xxhama2

パチッ!

POSTCARD

シルビア

今日、めっちゃ可愛い表情撮れたんで見て…。どうしたのおシル。

© ハマジ

POSTCARD

大吉

帰宅したら私のベッドで寝てた大吉。我が物顔で寝とるな

© ハマジ

なかよしっ!!

POSTCARD

シルビア＆大吉

奇跡のかわいいツーショット撮れた！！ 仲良しな2匹みたいだよ！！

STAMP

公式Xアカウント @xxhama2

すごいげんき！

もっとあそびたい！

STAMP

シルビア & シャンテ

元気が良すぎると聞いてたのですが本当に元気がよろしい (笑)

© ハマジ

公式Xアカウント @xxhama2

生後8ヶ月 〜 8歳

POSTCARD

STAMP

左が生後8ヶ月で右が8歳。

ジャンラ＆シルビア

公式Xアカウント　@xxhama2

POSTCARD

いいですか、落ち着いて聞いてください。土日は終了しました(労働頑張ってね〜)

ジャンテ & シルビア

STAMP

公式Xアカウント @xxhama2

POSTCARD

シルビア＆イサム

1月のフォルダ漁ったらいい顔してるのあった

公式Xアカウント @xxhama2